essentials

essentials liefern aktuelles Wissen in konzentrierter Form. Die Essenz dessen, worauf es als „State-of-the-Art" in der gegenwärtigen Fachdiskussion oder in der Praxis ankommt. essentials informieren schnell, unkompliziert und verständlich

- als Einführung in ein aktuelles Thema aus Ihrem Fachgebiet
- als Einstieg in ein für Sie noch unbekanntes Themenfeld
- als Einblick, um zum Thema mitreden zu können

Die Bücher in elektronischer und gedruckter Form bringen das Expertenwissen von Springer-Fachautoren kompakt zur Darstellung. Sie sind besonders für die Nutzung als eBook auf Tablet-PCs, eBook-Readern und Smartphones geeignet. essentials: Wissensbausteine aus den Wirtschafts, Sozial- und Geisteswissenschaften, aus Technik und Naturwissenschaften sowie aus Medizin, Psychologie und Gesundheitsberufen. Von renommierten Autoren aller Springer-Verlagsmarken.

Siegmund Brandt · Hans Dieter Dahmen

Schwingungen und Wellen

Phänomene in Mechanik und Elektrodynamik

Prof. Dr. Siegmund Brandt
Department Physik
Universität Siegen
Siegen, Deutschland

Prof. Dr. Hans Dieter Dahmen
Department Physik
Universität Siegen
Siegen, Deutschland

ISSN: 2197-6708   ISSN 2197-6716 (electronic)
essentials
ISBN: 978-3-658-13613-0   ISBN: 978-3-658-13614-7 (eBook)
DOI 10.1007/978-3-658-13614-7

Die Deutsche Nationalbibliothek verzeichnet diese Publikation in der Deutschen Nationalbibliografie; detaillierte bibliografische Daten sind im Internet über http://dnb.d-nb.de abrufbar.

Springer Spektrum

Gedruckt auf säurefreiem und chlorfrei gebleichtem Papier

Springer-Spektrum ist Teil von Springer Nature
Die eingetragene Gesellschaft ist Springer Fachmedien Wiesbaden GmbH

Was Sie in diesem Essential finden können

Schwingungen und Wellen treten in vielen Teilgebieten der Physik auf. So kann etwa der Ort eines Massenpunkts um seine Ruhelage schwingen oder der Strom in einem Schaltkreis um den Wert Null. Wellen sind räumliche Muster einer physikalischen Größe, etwa des Drucks oder der elektrischen Feldstärke, die sich zeitlich im Raum ausbreiten. Bei harmonischen, d. h. sinusförmigen Wellen führt die Größe an festem Ort eine Schwingung aus.

- Sie lernen die die Schwingungen beschreibenden Begriffe wie Amplitude, Periode, Frequenz und Phase kennen.
- Für die Wellen treten noch die Größen Wellenlänge, Wellenzahl und Ausbreitungsgeschwindigkeit hinzu.
- Sie verfolgen die Lösung der Wellengleichung für harmonische, gedämpfte, erzwungene und gekoppelte Schwingung en und studieren die Erscheinung der Resonanz.
- Sie erfahren, dass das Verhalten der Wellen durch eine Wellengleichung und Gegebenheiten im Raum bestimmt wird.
- Sie betrachten Wellen in einer und drei Raumdimensionen und studieren die Interferenz, Reflexion, Brechung, Polarisation von Wellen sowie stehende Wellen.

Vorwort

Schwingungen und Wellen sind vielfältig auftretende Erscheinungen. Wir stützen uns hier auf mechanische und elektromagnetische Beispiele. Dementsprechend orientiert sich die Darstellung in diesem Essential an unseren Lehrbüchern *Mechanik* und *Elektrodynamik*, die im Text als [M] bzw. [E] zitiert werden (siehe Literaturverzeichnis). Sie stellt gewisse mathematische Anforderungen an die Leserinnen und Leser, nämlich solide (Schul-)kenntnisse der Differential- und Integralrechnung einer Variablen und Kenntnisse der Vektorrechnung. Eine knappe Darstellung des letztgenannten Gebiets finden Sie in [M], Anhang B und C. Viele Rechnungen vereinfachen sich bei Benutzung komplexer Größen. [M], Anhang E gibt einen kurzen Überblick über komplexe Zahlen. Die wichtigsten Formeln sind auch in Abschn. 1.3 des vorliegenden Texts wiedergegeben. Ziel dieses Essentials sind die Vermittlung der wichtigsten Begriffe und Methoden bei der Behandlung von Schwingungen und Wellen. Dabei werden Zwischenrechnungen nur skizziert oder ganz weggelassen. Sie können an den im Text zitierten Stellen von [M] und [E] nachvollzogen werden.

Siegmund Brandt
Hans Dieter Dahmen

Inhaltsverzeichnis

Einleitung

1

1.1 Schwingungen

Verschiedene physikalische Systeme führen Schwingungen aus. Ein Pendelkörper schwingt um seine Ruhelage, der Strom in einem elektrischen Schwingkreis um den Wert Null. Beide Vorgänge werden durch eine mathematische Gleichung vom selben Typ beschrieben, eine *Schwingungsgleichung*. Schwingungen heißen *gedämpft*, wenn sie mit der Zeit abklingen und *erzwungen*, wenn sie dauerhaft von außen in Gang gehalten werden. Bei *gekoppelten* Schwingungen beeinflusst ein System ein zweites, z. B. ein Federpendel ein benachbartes. In Kap. 2 werden diese verschiedenen Schwingungsarten betrachtet.

1.2 Wellen

Auf einer lang ausgedehnten Kette gekoppelter Federpendel lassen sich Auslenkungsmuster erzeugen, die sich mit der Zeit entlang der Kette ausbreiten. Am Modell dieser Kette gewinnen wir eine *Wellengleichung*, die für mechanische Wellen in elastischen Medien aber auch für elektromagnetische Wellen im freien Raum oder in einem dielektrischen Medium z. B. in Glas gilt. In Kap. 3 beschreiben wir Welleneigenschaften wie Wellenzahl, Wellenvektor, Ausbreitungsgeschwindigkeit und Polarisation und Erscheinungen wie stehende Wellen, Reflexion, Brechung und Totalreflexion. Unsere Rechnungen werden durch die komplexe Schreibweise vereinfacht, deren Grundregeln im folgenden Absatz aufgeführt sind.

© Springer Fachmedien Wiesbaden 2016
S. Brandt und H.D. Dahmen, *Schwingungen und Wellen*, essentials,
DOI 10.1007/978-3-658-13614-7_1

1.3   Komplexe Zahlen

Komplexe Zahlen $a = (\alpha, \alpha')$ sind Paare reeller Zahlen α und α', für die bestimmte Rechenregeln gelten. Man nennt $\alpha = \mathrm{Re}\ a$ *Realteil* und $\alpha' = \mathrm{Im}\ a$ *Imaginärteil* von a und schreibt a gewöhnlich in der Form $a = \alpha + \mathrm{i}\,\alpha'$. Die darin auftretende *imaginäre Einheit* i ist durch $\mathrm{i}^2 = -1$ definiert. Es ergeben sich folgende Rechenregeln

$$a \pm b = (\alpha + \mathrm{i}\,\alpha') \pm (\beta + \mathrm{i}\,\beta') = (\alpha \pm \beta) + \mathrm{i}\,(\alpha' \pm \beta'),$$

$$ab = (\alpha\beta - \alpha'\beta') + \mathrm{i}\,(\alpha\beta' + \alpha'\beta),$$

$$\frac{a}{b} = \frac{\alpha + \mathrm{i}\,\alpha'}{\beta + \mathrm{i}\,\beta'} = \frac{(\alpha + \mathrm{i}\,\alpha')(\beta - \mathrm{i}\,\beta')}{\beta^2 + \beta'^2} = \frac{\alpha\beta + \alpha'\beta'}{\beta^2 + \beta'^2} + \mathrm{i}\,\frac{\alpha'\beta - \alpha\beta'}{\beta^2 + \beta'^2}.$$

Der Quotient a/b ist nur für $b \neq 0$, d. h. für $b \neq 0 + \mathrm{i}\,0$ definiert. Als zu a *konjugiert komplexe Zahl* a^* wird $a^* = (\alpha, -\alpha') = \alpha - \mathrm{i}\,\alpha'$ eingeführt. Komplexe Zahlen lassen sich graphisch in einer komplexen Zahlenebene darstellen (Abb. 1.1), indem man den Realteil längs der Abszisse (reelle Achse) und den Imaginärteil längs der Ordinate (imaginäre Achse) eines kartesischen Koordinatensystems aufträgt. Aus den Rechenregeln für die komplexen Zahlen sieht man, daß die Addition der komplexen Zahlen der Addition von Vektoren in der Ebene entspricht.

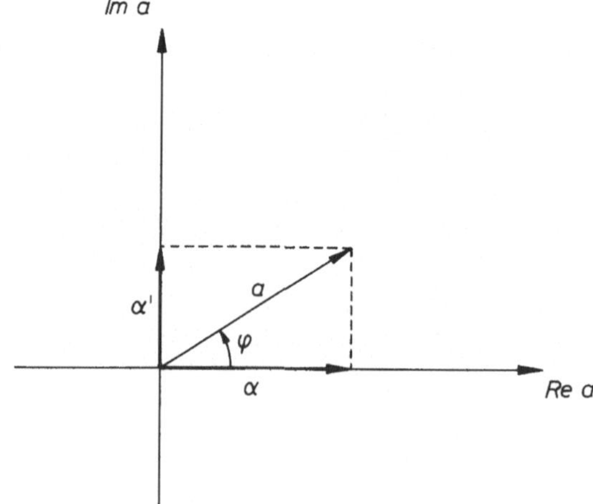

Abb. 1.1 Graphische Darstellung einer komplexen Zahl

Entsprechend der Definition bei Vektoren wird als *Betrag* der komplexen Zahl

$$|a| = \sqrt{\alpha^2 + \alpha'^2} = \sqrt{aa^*}$$

definiert. Als *Phase* oder *Argument* von a bezeichnet man den Winkel $\varphi = \arg(a)$ des der komplexen Zahl entsprechenden Vektors mit der reellen Achse,

$$\cos\varphi = \frac{\mathrm{Re}\ a}{|a|}, \qquad \sin\varphi = \frac{\mathrm{Im}\ a}{|a|}.$$

Damit läßt sich eine *Polardarstellung* der komplexen Zahl angeben,

$$a = |a|(\cos\varphi + \mathrm{i}\sin\varphi).$$

Bei einer komplexen Funktion $w = f(z)$ sind Argument $z = x + \mathrm{i}y$ und Funktionswert $w = u + \mathrm{i}v$ komplexe Zahlen. In [M], Anh. E, diskutieren wir die *komplexe Fortsetzung* reeller Funktionen, insbesondere der Exponential- und Winkelfunktionen. Hier müssen wir uns hier auf die Angabe der *Eulerschen Formel*

$$\mathrm{e}^{\mathrm{i}y} = \cos y + \mathrm{i}\sin y, \quad \mathrm{e}^{-\mathrm{i}y} = \cos y - \mathrm{i}\sin y$$

beschränken. Mit ihr erhält man für die *komplexe Exponentialfunktion*

$$\mathrm{e}^z = \mathrm{e}^{(x+\mathrm{i}y)} = \mathrm{e}^x\mathrm{e}^{\mathrm{i}y} = \mathrm{e}^x(\cos y + \mathrm{i}\sin y).$$

Schwingungen 2

Ein Massenpunkt der Masse m möge sich nur in x-Richtung bewegen können. Er habe seine Ruhelage bei $x = 0$ und erfahre bei Auslenkung aus dieser eine rücktreibende Kraft $F = -Dx$, $D > 0$, und außerdem eine seiner Geschwindigkeit $v = \dot{x}$ entgegen wirkende Reibungskraft $F_R = -R\dot{x}$ mit $R > 0$. Nach dem zweiten Newtonschen Gesetz lautet die Bewegungsgleichung

$$m\ddot{x} = -R\dot{x} - Dx.$$

Mit den Abkürzungen $a = D/m$ und $2\gamma = R/m$ vereinfacht sie sich zu

$$\ddot{x} = -2\gamma\dot{x} - ax.$$

Eine solche *Schwingungsgleichung* tritt in vielen physikalischen Zusammenhängen auf. Es bietet sich an, die Variable x für die Rechnung als eine komplexe Größe aufzufassen und die Gleichung mit dem komplexen Ansatz

$$x = c\,\mathrm{e}^{\mathrm{i}\omega t} = c\,(\cos\omega t + \mathrm{i}\sin\omega t)$$

zu lösen. Für alle physikalischen Vorgänge stellen reelle *Anfangsbedingungen*, d. h. reelle Werte von Ort und Geschwindigkeit zur Anfangszeit $t = 0$, also $x_0 = x(t = 0)$ und $v_0 = v(t = 0) = \dot{x}_0 = \dot{x}(t = 0)$, sicher, dass x und $\dot{x}$ zu allen Zeiten reell sind. Durch Einsetzen des Ansatzes in die Schwingungsgleichung erhält man die *charakteristische Gleichung*

$$\omega^2 - 2\mathrm{i}\omega\gamma - a = 0,$$

© Springer Fachmedien Wiesbaden 2016
S. Brandt und H.D. Dahmen, *Schwingungen und Wellen*, essentials,
DOI 10.1007/978-3-658-13614-7_2

aus der sich die möglichen Werte der – im Allgemeinen – komplexen *Kreisfrequenz* ω entnehmen lassen. Mit diesen lässt sich die allgemeine Lösung der Schwingungsgleichung formulieren. Offene Konstanten werden anschließend aus den Anfangsbedingungen bestimmt. Wir werden jetzt dieses Verfahren für verschiedene Wertebereiche der *Dämpfungskonstante* γ durchführen.

2.1   Ungedämpfte Schwingungen

Die Dämpfung verschwindet, $\gamma = 0$, und damit auch die Terme mit γ in Schwingungs- und charakteristischer Gleichung. Letztere lautet einfach $\omega^2 = a$ und hat die Lösungen

$$\omega = \pm\omega_0, \qquad \omega_0 = \sqrt{a}.$$

Allgemeine Lösung der Schwingungsgleichung ist die Linearkombination

$$x = c_1 e^{i\omega_0 t} + c_2 e^{-i\omega_0 t}.$$

Für die Anfangszeit $t = 0$ erhält man daraus

$$x_0 = c_1 + c_2, \qquad v_0 = i\omega_0(c_1 - c_2),$$

also

$$c_1 = \frac{1}{2}\left(x_0 - i\frac{v_0}{\omega_0}\right), \qquad c_2 = \frac{1}{2}\left(x_0 + i\frac{v_0}{\omega_0}\right) = c_1^*.$$

Mit Hilfe der Funktion

$$\xi(t) = \left(x_0 - i\frac{v_0}{\omega_0}\right)e^{i\omega_0 t}, \qquad \xi^*(t) = \left(x_0 + i\frac{v_0}{\omega_0}\right)e^{-i\omega_0 t}$$

und unter Benutzung des Zusammenhangs zwischen Exponential- und Winkelfunktionen aus Abschn. 1.3 finden wir

$$x(t) = \frac{1}{2}[\xi(t) + \xi^*(t)] = \mathrm{Re}\,\xi(t) = x_0\cos\omega_0 t + \frac{v_0}{\omega_0}\sin\omega_0 t.$$

Die physikalische, d. h. reelle Lösung $x(t)$ ist also die Summe zweier reeller Winkelfuntionen. Mit den reellen Größen *Amplitude A* und *Phase δ*,

$$A = \left(x_0^2 + \frac{v_0^2}{\omega_0^2} \right)^{1/2}, \qquad \cos\delta = \frac{x_0}{A}, \qquad \sin\delta = \frac{v_0}{\omega_0 A},$$

können wir sie als eine einzelne Winkelfunktion schreiben,

$$x(t) = A\cos(\omega_0 t - \delta).$$

Die Funktion $x(t)$ beschreibt einen zeitlich veränderlichen Vorgang mit der Kreisfrequenz ω_0 bzw. der Frequenz ν oder der Periode T,

$$\omega_0 = \sqrt{a}, \qquad \nu = \frac{\omega_0}{2\pi}, \qquad T = \frac{1}{\nu} = \frac{2\pi}{\omega_0}.$$

Ein ungedämpft schwingendes System, wie hier beschriebenen, heißt *harmonischer Oszillator* mit der *Eigenfrequenz* ω_0.

2.2 Gedämpfte Schwingungen

Ist $\gamma \neq 0$, hat die charakteristische Gleichung die Lösungen

$$\Omega_\pm = \mathrm{i}\gamma \pm \omega_R, \qquad \omega_R = \sqrt{\omega_0^2 - \gamma^2}, \qquad \omega_0^2 = a.$$

Die allgemeine Lösung der Schwingungsgleichung

$$x(t) = c_1 \mathrm{e}^{\mathrm{i}\Omega_+ t} + c_2 \mathrm{e}^{\mathrm{i}\Omega_- t}$$

hat wegen

$$c_1 = \left(x_0 + \mathrm{i}\frac{v_0}{\Omega_-} \right) \frac{\Omega_-}{\Omega_- - \Omega_+}, \qquad c_2 = \left(x_0 + \mathrm{i}\frac{v_0}{\Omega_+} \right) \frac{\Omega_+}{\Omega_+ - \Omega_-}$$

die Form

$$x(t) = \mathrm{e}^{-\gamma t}\left[x_0 \cos \omega_{\mathrm{R}} t + \frac{1}{\omega_{\mathrm{R}}}(v_0 + \gamma x_0)\sin \omega_{\mathrm{R}} t\right].$$

Wir unterscheiden drei Fälle, je nachdem ob ω_{R} positiv reell, rein imaginär oder null ist.

Schwingfall (ω_{R} positiv reell): Man erhält

$$x(t) = A\mathrm{e}^{-\gamma t}\cos(\omega_{\mathrm{R}} t - \delta)$$

mit

$$A = \left[x_0^2 + \left(\frac{v_0 + \gamma x_0}{\omega_{\mathrm{R}}}\right)^2\right]^{1/2}, \qquad \tan \delta = \frac{v_0 + \gamma x_0}{x_0 \omega_{\mathrm{R}}}.$$

Die Lösung $x(t)$ beschreibt eine exponentiell gedämpfte Schwingung, deren Amplitude sich im Laufe der Zeit verringert. Die Nulldurchgänge erfolgen im zeitlichen Abstand $T_{\mathrm{R}} = 2\pi/\omega_{\mathrm{R}}$. Der *Dämpfungsfaktor* $d = \mathrm{e}^{-\gamma t}$ bestimmt den Abfall der Schwingungsweiten. Die charakteristische Zeit, in der eine Reduktion um den Faktor $1/\mathrm{e}$ eintritt, ist $\tau_{\mathrm{S}} = 1/\gamma$.

Kriechfall ($\omega_{\mathrm{R}} = \mathrm{i}\,\lambda$ rein imaginär, $\lambda = \sqrt{\gamma^2 - \omega_0^2}$): Man erhält

$$x(t) = \frac{1}{2}\mathrm{e}^{-\gamma t}(a_1 \mathrm{e}^{-\lambda t} + a_2 \mathrm{e}^{\lambda t})$$

mit

$$a_1 = x_0 - \frac{1}{\lambda}(v_0 + \gamma x_0), \qquad a_2 = x_0 + \frac{1}{\lambda}(v_0 + \gamma x_0).$$

Die Lösung $x(t)$ ist wieder explizit reell. In der runden Klammer fällt der erste Term exponentiell mit der Zeit ab, der zweite steigt exponentiell an. Dieser Anstieg wird jedoch vom exponentiell stärker abfallenden Faktor $\exp(-\gamma t)$ kompensiert, weil stets $\gamma > \sqrt{\gamma^2 - \omega_0^2} = \lambda$ gilt. Für Zeiten $t \gg 1/\lambda$ stammt der wesentliche Beitrag zu $x(t)$ vom zweiten Term in der runden Klammer. Die Bewegung wird daher für große Zeiten durch

$$x(t) = \frac{a_2}{2}\mathrm{e}^{-(\gamma-\lambda)t}$$

bestimmt. Die charakteristische Zeit ihres Abfallens ist $\tau_{\mathrm{K}} = 1/(\gamma - \lambda) > 1/\gamma$.

Aperiodischer Grenzfall ($\omega_R = 0$): Für diesen Fall hat unsere allgemeine Lösung (4. Gleichung dieses Abschnitts) wegen des ω_R im Nenner erst eine Bedeutung nach einer Grenzbetrachtung. Wir können diese Gleichung in der Form

$$x(t) = e^{-\gamma t}\left[x_0 - i(v_0 + \gamma x_0)\lim_{\omega_R \to 0}\frac{e^{i\omega_R t} - e^{-i\omega_R t}}{2\omega_R}\right]$$

schreiben. Wegen der Definition des Differentialquotienten ist

$$\lim_{\omega_R \to 0}\frac{e^{i\omega_R t} - e^{-i\omega_R t}}{2\omega_R} = \frac{de^{i\omega_R t}}{d\omega_R}\bigg|_{\omega_R = 0} = it.$$

Damit erhalten wir

$$x(t) = e^{-\gamma t}[x_0 + (v_0 + \gamma x_0)t].$$

Für große Zeiten $t \gg x_0/(v_0 + \gamma x_0)$ dominiert der zweite Term. Die charakteristische Zeit für seinen Abfall ist bis auf kleine Korrekturen $\tau_A = 1/\gamma$. Der aperiodische Grenzfall trennt den Schwingfall vom Kriechfall und hat stets eine kürzere Abfallzeit als diese beiden.

Beispiele für alle drei Fälle und für die ungedämpfte Schwingung sind in Abb. 2.1 dargestellt.

Schwingungen treten nicht nur in der Mechanik, sondern in vielen Teilgebieten der Physik auf. Ein Beispiel aus der Elektrizität ist der in Abb. 2.2 dargestellte Schwingkreis aus Kapazität C, Widerstand R und Induktivität L, in welchem der Strom I fließt. Wir betrachten das Verhalten des Kreises, nachdem der Kondensator aufgeladen und dann von der Spannungsquelle getrennt wurde. Für die Summe der Spannungen an den drei Bauelementen gilt

$$U_L + U_R + U_C = 0.$$

Für die Teilspannung am Widerstand gilt das Ohmsche Gesetz $U_R = RI$, für die an der Induktivität das Induktionsgesetz $U_L = L\dot{I}$. Der Zusammenhang zwischen der Spannung am Kondensator und dessen Ladung Q lautet $U_C = Q/C$; Zeitableitung liefert $\dot{U}_C = I/C$. Damit gilt

$$L\dot{I} + RI + Q/C = 0$$

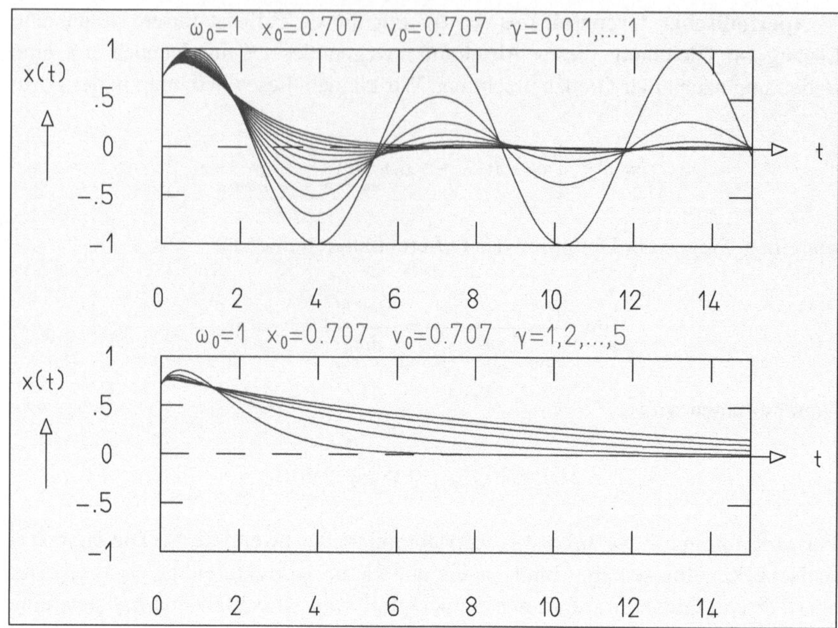

Abb. 2.1 Gedämpfter harmonischer Oszillator: Auslenkung $x(t)$ für verschiedene Dämpfungskonstanten γ im Bereich des Schwingfalls (einschließlich des ungedämpften Oszillators) (*oben*) und im Bereich des Kriechfalls (*unten*). Beide Teilbilder enthalten auch die Kurve für den aperiodischen Grenzfall. Die Einheiten der nur als Zahlwerte angegebenen Parameter sind die entsprechenden SI-Einheiten

Abb. 2.2 Elektrischer Schwingkreis

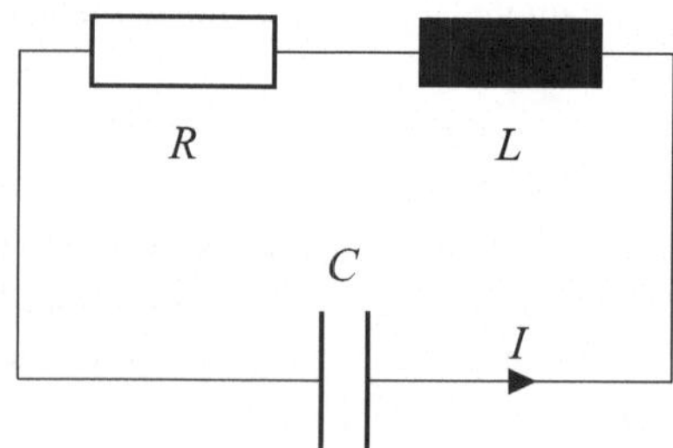

bzw. nach einmaliger Ableitung

$$L\ddot{I} + R\dot{I} + \frac{1}{C}I = 0 \quad \text{bzw.} \quad \ddot{I} = -\frac{R}{L}\dot{I} - \frac{1}{LC}I.$$

Die Stromstärke I unseres Kreises verhält sich damit ganz entsprechend zur Auslenkung x des mechanischen harmonischen Oszillators: Sie führt gedämpfte Schwingungen aus. Die Dämpfungskonstante ist jetzt $\gamma = R/L$ und die Keisfrequenz des Schwingkreises ist $\omega_0 = 1/\sqrt{LC}$.

2.3 Erzwungene Schwingungen

Wird der gedämpfte Oszillator von außen mit der Kreisfrequenz ω periodisch erregt, so spricht man von einer erzwungenen Schwingung. Dadurch wird die Schwingungsgleichung um ein periodisches Glied erweitert,

$$\ddot{x} = -2\gamma\dot{x} - \omega_0^2 x + k\cos\omega t.$$

Nach dem Abklingen eines Einschwingvorgangs, d. h. für Zeiten $t \gg 1/\gamma$ bzw. $t \gg 1/(\gamma - \sqrt{\gamma^2 - \omega_0^2})$ hat die Schwingung nur noch die Kreisfrequenz des Erregers; die Lösung hat die Form

$$x(t) = |C|\cos(\omega t - \eta)$$

mit der komplexen Amplitude

$$C = |C|e^{i\eta} = -\frac{k(\omega^2 - \omega_0^2 - 2i\gamma\omega)}{(\omega^2 - \omega_0^2)^2 + 4\gamma^2\omega^2}.$$

Deren Betrag und Phase (die Phasenverschiebung zwischen der Schwingung des Erregers und der des erregten Oszillators) sind

$$|C| = \frac{k}{\sqrt{(\omega^2 - \omega_0^2)^2 + 4\gamma^2\omega^2}}, \qquad \cotan\eta = \frac{\omega_0^2 - \omega^2}{2\gamma\omega}.$$

Als Grenzverhalten beider finden wir

$$\omega \to 0: \quad |C| \to k/\omega_0^2, \quad \eta \to 0,$$
$$\omega \to \infty: \quad |C| \to 0, \quad \eta \to \pi.$$

Für die komplexe Funktion

$$Z = \frac{2\gamma\omega}{k} C = \frac{2\gamma\omega(\omega_0^2 - \omega^2) + 4\mathrm{i}\gamma^2\omega^2}{(\omega^2 - \omega_0^2)^2 + 4\gamma^2\omega^2} = |Z|\mathrm{e}^{\mathrm{i}\eta}$$

gilt die *Unitaritätsrelation*

$$\mathrm{Im}\ Z = |Z|^2 = (\mathrm{Re}\ Z)^2 + (\mathrm{Im}\ Z)^2.$$

Sie entspricht einer Kreisgleichung für die Amplitude in der komplexen Ebene,

$$(\mathrm{Re}\ Z)^2 + \left(\mathrm{Im}\ Z - \frac{1}{2}\right)^2 = \frac{1}{4}.$$

Bei *Resonanz*, $\omega = \omega_0$, gilt

$$\eta = \frac{\pi}{2}, \qquad |Z| = \max, \qquad \mathrm{Im}\{Z\} = \max, \qquad \mathrm{Re}\{Z\} = 0.$$

Physikalisch entspricht der Imaginärteil *(Absorptivteil)* der Amplitude Z der im Zeitmittel vom Erreger auf den Oszillator übertragenen *(Wirk-)Leistung*, der Realteil *(Dispersivteil)* der im Zeitmittel zwischen Erreger und Oszillator hin- und her transferierten *(Blind-)Leistung*.

Abb. 2.3 zeigt den Frequenzverlauf von $|C|$, η und Im Z für verschiedene Dämpfungen. Die Resonanz ist umso stärker ausgeprägt, je kleiner die Dämpfung ist.

Musikinstrumente nutzen die Resonanz aus. So übt ein Geigenbogen Anregungen aus einem großen Frequenzbereich auf eine Saite der Geige aus. Die Saite ist aber nur mit ihren Eigenschwingungen in Resonanz, und zwar insbesondere der Grundschwingung, siehe Abschn. 3.3. Entsprechendes gilt für die Luftsäule in einem Blasinstrument, die beim Anblasen erregt wird. Die Intensitätsverhältnisse zwischen Grundschwingung und Oberschwingungen machen die *Klangfarbe* der verschiedenen Instrumente aus. Beim Rundfunkempfänger wählt man aus den an der Antenne auftretenden Frequenzen der verschiedensten Sender die des

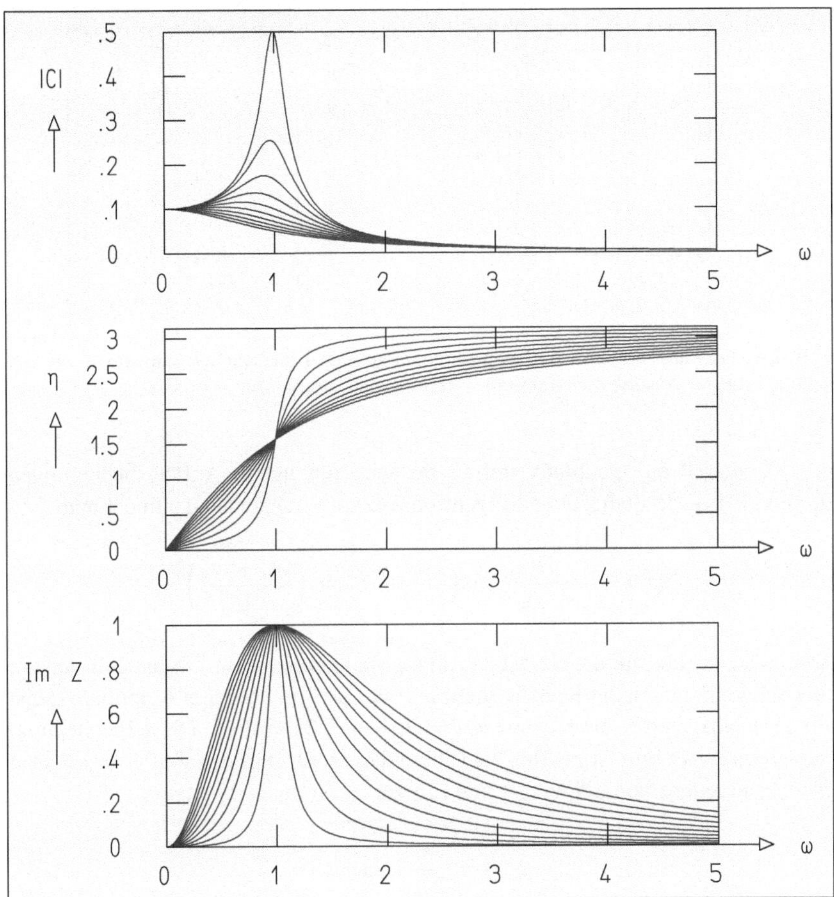

Abb. 2.3 Schwingungsweite $|C|$ (oben), Phasenwinkel η (Mitte) und mittlere Leistungsaufnahme Im Z (unten) für feste Werte von k, m und ω_0, aber verschiedene Dämpfungskonstanten γ, als Funktion der Erregerfrequenz ω. Es wurden die Zahlwerte $\omega_0 = 0$, $k = 0.1$ und $\gamma = 0.1,\ 0.2,\ \ldots\ ,\ 1$ benutzt

erwünschten Senders dadurch aus, dass man den Antennenstrom einen Schwingkreis zur Resonanz bringen lässt, dessen Eigenfrequenz auf die Senderfrequenz eingestellt wurde.

Besonderheiten treten für $\gamma = 0$ auf, wenn die Dämpfung verschwindet. Wir geben hier nur die Lösungen für die einfachen Anfangsbedingungen

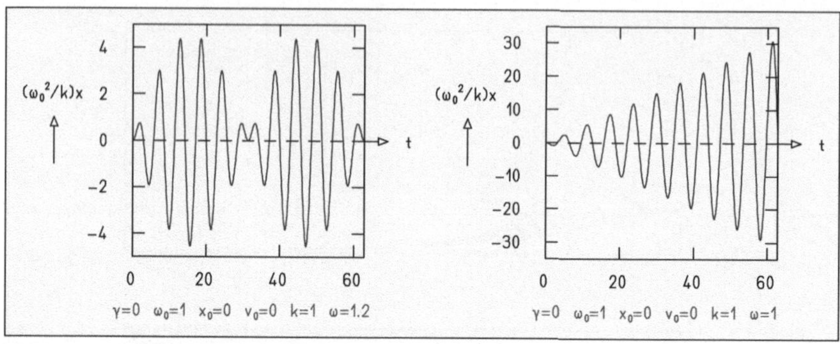

Abb. 2.4 Erzwungene Schwingungen ohne Dämpfung. Links: Schwebung für $\omega \neq \omega_0$. Rechts: Linearer Anstieg der Amplitude (Resonanzkatastophe) für $\omega = \omega_0$

$x_0 = 0$, $v_0 = 0$ an. Qualitativ treffen sie auch für andere Anfangsbedingungen zu. Sind Erregerfrequenz ω und Eigenfrequenz ω_0 verschieden, so findet man

$$x_{\mathrm{e}}(t) = \frac{2k}{\omega_0^2 - \omega^2} \sin\left(\frac{\omega_0 - \omega}{2}t\right) \sin\left(\frac{\omega_0 + \omega}{2}t\right),$$

(Der Index e deutet auf die einfachen Anfangsbedingungen hin.) Es handelt sich um eine Schwingung mit der Kreisfrequenz $\omega_+ = (\omega_0 + \omega)/2$, deren Amplitude selbst mit der niedrigeren Kreisfrequenz $\omega_- = |\omega_0 - \omega|/2$ oszilliert. Diese Erscheinung heißt *Schwebung* und ist in Abb. 2.4 (links) dargestellt. Für den Fall $\omega = \omega_0$, also gleicher Frequenz von Schwinger und Erreger erhält man

$$x_{\mathrm{e}}(t) = \frac{k}{2\omega_0}t \sin \omega_0 t.$$

Die Amplitude steigt linear mit der Zeit an (Abb. 2.4 (rechts)). Ein physisch existierender Oszillator wird dabei früher oder später zerstört. Man spricht deshalb von der *Resonanzkatastrophe*.

2.4 Gekoppelte Oszillatoren

Wir betrachten zwei ungedämpfte Oszillatoren mit der gleichen Masse m gleichen Ruhelage $x_1 = x_2 = 0$ und der gleichen rücktreiben Kraft $-Dx$ zwischen denen zusätzlich eine elastische Kraft mit der Konstanten d wirkt. Die Bewegungsglei-

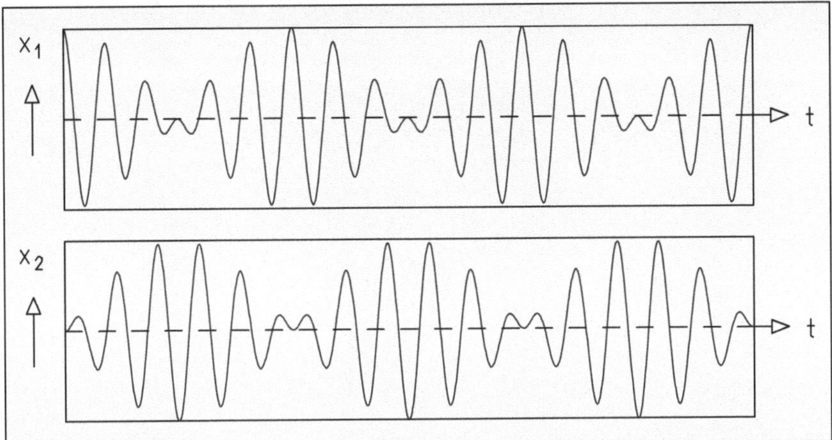

Abb. 2.5 Gekoppelte Oszillatoren. Auslenkungen $x_1(t)$ und $x_2(t)$ für einen besonders symmetrischen Fall ($m_1 = m_2$, $D_1 = D_2$)

chungen für die Auslenkungen x_1, x_2 sind dann

$$m\ddot{x}_1 = -Dx_1 + d(x_2 - x_1), \qquad m\ddot{x}_2 = -Dx_2 + d(x_1 - x_2).$$

Wir benutzen die Abkürzungen

$$\Omega^2 = D/m, \quad \omega^2 = d/m, \quad \Omega' = \sqrt{\Omega^2 + 2\omega^2}, \quad \omega_{\pm} = (\Omega \pm \Omega')/2$$

und erhalten nach einiger Rechnung für die einfachen Anfangsbedingungen $x_1(t = 0) = a$, $x_2(t = 0) = 0$, $\dot{x}_1(t = 0) = 0$, $\dot{x}_2(t = 0) = 0$ die Lösungen

$$x_1(t) = a\cos(\omega_+ t)\cos(\omega_- t), \qquad x_2(t) = a\sin(\omega_+ t)\sin(\omega_- t),$$

die in Abb. 2.5 dargestellt sind.

Wellen 3

3.1 Lineare Kette. Kontinuierlicher Grenzfall. Wellengleichung

Die lineare Kette ist eine Anordnung aus durch Federkräften gekoppelten Massenpunkten, die in longitudinaler oder transversaler Richtung ausgelenkt werden können, Abb. 3.1. In Ruhe haben die Massenpunkte der Masse m den Abstand Δx von einander und die Ruhelage des n-ten Massenpunkts ist $x = x_n = n\,\Delta x$, $-\infty < n < \infty$ ganzzahlig. Die Newtonschen Bewegungsgleichungen für die Auslenkungen $w_n(t)$ lauten

$$m\ddot{w}_n = -D(w_n - w_{n-1}) + D(w_{n+1} - w_n).$$

Hier ist D die Federkonstante der Einzelfedern. Im *kontinuierlichen Grenzfall* mit konstant gehaltener Ausbreitungsgeschwindigkeit

$$c_\mathrm{L} = \lim_{\Delta x \to 0} \sqrt{D/m}\,\Delta x$$

der longitudinalen Welle erhält man die *Wellengleichung*

$$\frac{1}{c_\mathrm{L}^2}\frac{\partial^2 w}{\partial t^2} - \frac{\partial^2 w}{\partial x^2} = 0$$

für die kontinuierliche Auslenkungsfunktion $w(t,x)$. Die Auslenkungsfunktion einer Transversalwelle folgt einer Gleichung derselben Form mit einer – im Allgemeinen von c_L verschiedenen Geschwindigkeit c_T. Da die Wellengleichung linear in w ist, ist eine Linearkombination zweier Lösungen w_1 und w_2, z. B. die

© Springer Fachmedien Wiesbaden 2016
S. Brandt und H.D. Dahmen, *Schwingungen und Wellen*, essentials,
DOI 10.1007/978-3-658-13614-7_3

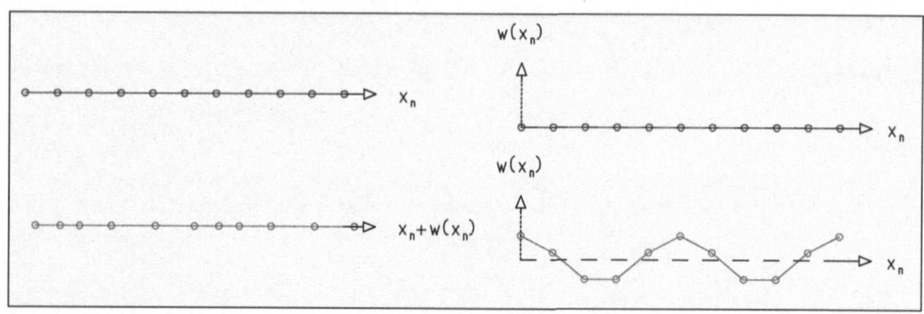

Abb. 3.1 Modell einer Massenpunktkette als Träger longitudinaler Wellen (links) bzw.
transversaler Wellen (rechts). Die Ruhelagen der einzelnen Massenpunkte sind bei $x = x_n = n\,\Delta x$ (jeweils oben). Die momentanen Lagen sind gegen die Ruhelagen um $w_n(t)$ verschoben,
und zwar bei longitudinalen Wellen in Kettenrichtung, bei transversalen senkrecht zu ihr

Summe $w = w_1 + w_2$ ihrerseits Lösung. Diese Aussage heißt *Superpositions-
prinzip*. Durch Superposition verschiedener Wellen entstehen oft interessante neue
Wellenstrukturen; man spricht von *Interferenz* der Einzelwellen.

Wir beschränken uns hier auf spezielle Lösungen der Wellengleichung, nämlich
die *harmonischen Wellen*

$$w_\pm(t,x) = w_0 \cos\left[\frac{2\pi}{\lambda}(\mp ct + x) - \alpha\right],$$

also kosinusförmige Auslenkungsmuster, die sich in positve bzw. negative x-
Richtung ausbreiten, Abb. 3.2. Aus der Periodizität des Kosinus, $\cos(x + 2\pi) = \cos(x)$ folgt, dass λ die *Wellenlänge* der harmonischen Welle ist. Weitere charakteristische Größen sind die *Wellenzahl* $k = 2\pi/\lambda$, die *Periode* $T = \lambda/c$, die
Frequenz $\nu = 1/T$, die *Kreisfrequenz* $\omega = 2\pi\nu$, die *Amplitude* w_0 und die *Phase*
(im Bezug auf $x = 0$) α. (Für viele Rechnungen genügt es, den Fall $\alpha = 0$ zu
betrachten.) Die Ausbreitungsgeschindigeit einer harmonischen Welle heißt auch
Phasengeschwindigkeit. Mit diesen Bezeichnungen können wir auch schreiben

$$w_\pm(t,x) = w_0 \cos(kx \mp \omega t - \alpha).$$

Oft vereinfachen sich die Rechnungen, wenn man im Hinblick auf die Eulersche
Formel aus Abschn. 1.3 zu einer komplexen Auslenkungsfunktion übergeht,

$$w_{c\pm}(t,x) = w_0 e^{-i(\omega t \mp kx)} = w_0 e^{\pm ikx} e^{-i\omega t} = w_{s\pm} e^{-i\omega t}, \qquad w_{s\pm} = w_0 e^{\pm ikx}.$$

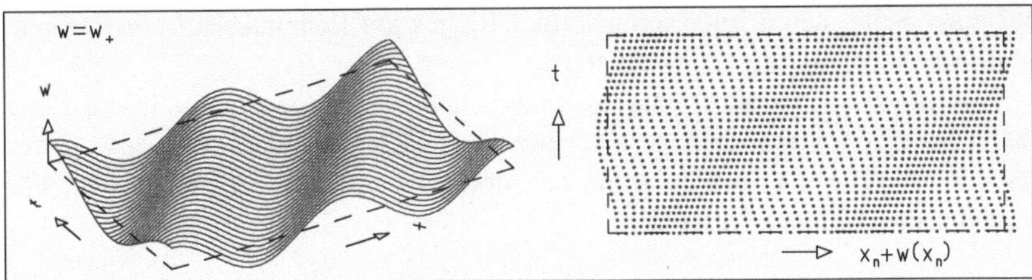

Abb. 3.2 *Links:* Zeitliche Entwicklung einer harmonischen Welle, die in die positive x-Richtung wandert. Abgebildet ist ein Bereich in x der Länge 2λ. Der abgebildete Bereich in t entspricht gerade einer Periode T. Die Darstellung ist ein Graph der Funktion $w_+(t,x)$, die sowohl longitudinale als auch transversale harmonische Wellen darstellt. Sie ist zugleich ein Bild einer Saite, auf der eine transversale harmonische Welle läuft, für verschiedene feste Zeiten t. *Rechts:* Massenpunkte einer Oszillatorkette, auf der eine longitudinale harmonische Welle läuft, für verschiedene feste Zeiten t

Der nur vom Ort abhängige Faktor $w_{s\pm}$ heißt *stationäre Welle*. Die physikalische Auslenkungsfunktion ist der Realteil der komplexen Größe, $w_\pm = \mathrm{Re}\ w_{c\pm}$.

Longitudinalwellen sind z. B. Schallwellen in Gasen, Flüssigkeiten und Festkörpern, bei denen sich Zonen verschiedenen Drucks ausbreiten. Transversalwellen können sich etwa auf Saiten ausbreiten. Durch Wellen können Energie und Impuls transportiert werden, ohne dass sich die Massenpunkte des Wellenträgers weit bewegen, vgl. Abschn. 10.6 in [M]. Elektromagnetische Wellen (Abschn. 3.6) sind Transversalwellen. Sie benötigen keinen Träger, können sich also im Vakuum ausbreiten, weil die sich an jedem Ort zeitlich ändernden elektrischen und magnetischen Felder sich gegenseitig bedingen.

3.2 Reflexion

Wir begrenzen jetzt die Kette auf den Bereich $x \leq x_r$. An der Stelle $x = x_r$ legen wir *Randbedingungen* fest. Zwei besonders einfache Randbedingungen werden durch die Stichworte *Kette mit festem Ende* bzw. *losem Ende* gekennzeichnet. Sie lauten

$$w(t,x_r) = 0 \quad \text{bzw.} \quad \frac{\partial}{\partial x}w(t,x)\bigg|_{x=x_r} = 0.$$

Für eine Saite ist ein festes Ende die Stelle, an der sie eingespannt ist, für eine Schallwelle das geschlossene Ende einer (gedackten) Orgelpfeife. Ein loses Ende findet eine Schallwelle am offenen Ende einer Orgelpfeife vor oder die Welle auf einer Saite, deren Ende mittels eines Ringes am Endpunkt auf einer Stange senkrecht zur x- Richtung beweglich ist.

Mithilfe des Superpositionsprinzips erhalten wir Lösungen mit losem Ende durch Addition einer nach rechts laufenden Welle w_+ und einer nach links laufenden Welle w_-, die zu jeder Zeit deren bei $x = x_\mathrm{r}$ gespiegelte ist. Für harmonische Wellen erhalten wir

$$w = w_+ + w_- = w_0 \cos\left[\frac{2\pi}{\lambda}(-ct + x - x_\mathrm{r})\right] + w_0 \cos\left[\frac{2\pi}{\lambda}(-ct - x + x_\mathrm{r})\right].$$

Der Ausdruck läßt sich mit dem Additionstheorem für $\cos(\alpha + \beta)$ umformen,

$$w = 2w_0 \cos\left(\frac{2\pi}{\lambda}ct\right)\cos\left[\frac{2\pi}{\lambda}(x - x_\mathrm{r})\right] = 2w_0 \cos\omega t \cos\left[\frac{2\pi}{\lambda}(x - x_\mathrm{r})\right].$$

Der Faktor $\cos[2\pi(x - x_\mathrm{r})/\lambda]$ beschreibt eine wellenförmige Struktur in der Ortskoordinate x, die zeitlich konstant ist. Der zeitabhängige Vorfaktor $2w_0 \cos\omega t$ bewirkt eine harmonische Schwingung in der Amplitude der ortsfesten Welle. Man spricht von einer *stehenden Welle*. Für die Reflexion einer harmonischen Welle am festen Ende erhalten wir ganz entsprechend

$$w = w_+ - w_- = 2u_0 \sin\omega t \sin[2\pi(x - x_\mathrm{r})/\lambda].$$

Für beide Randbedingungen ist der Lösungsweg in Abb. 3.3 graphisch dargestellt.

3.3   Stehende Wellen. Eigenschwingungen

In Abb. 3.3 haben wir als Länge des dargestellten physikalischen Bereichs des Trägers gerade eine Wellenlänge λ gewählt und beobachten, dass *beide* Seiten des dargestellten Bereichs die Bedingungen eines losen bzw. eines festen Endes erfüllen. Daraus lesen wir ab, dass auch auf einem Träger endlicher Länge L stehende Wellen auftreten können. Solche Träger sind z. B. eine Saite mit zwei festen Enden oder eine Luftsäule mit zwei losen Enden oder mit einem festen und einem losen Ende. Die stehenden Wellen auf solchen Trägern heißen *Eigenschwingungen*. Einige sind in Abb. 3.4 dargestellt. Für zwei feste bzw. zwei lose Enden erhalten wir offenbar als mögliche Wellenlängen $\lambda_n = 2L/n$ mit $n = 1, 2, 3\ldots$ und damit für die *Eigenfrequenzen* $v_n = cn/(2L)$. Für den Fall eines festen und eines losen Endes gilt $\lambda_n = 4L/n$ mit $n = 1, 3, 5\ldots$ und $v_n = cn/L$. Die Eigenfrequenz zu

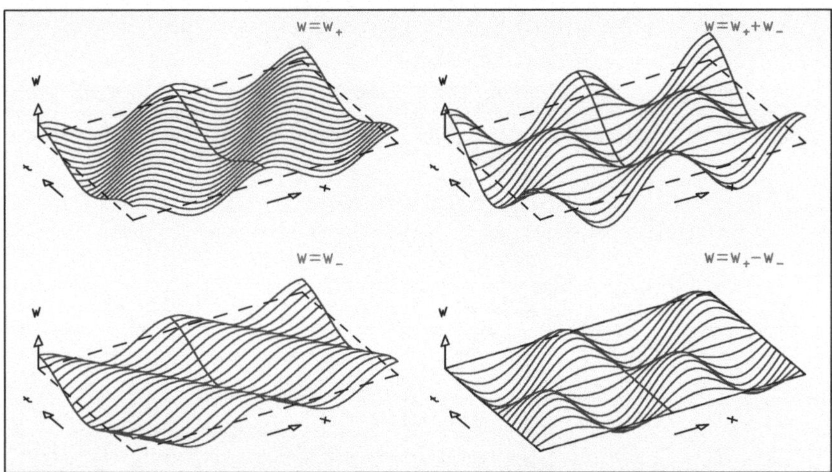

Abb. 3.3 Reflexion einer harmonischen Welle am losen bzw. am festen Ende. Der Reflexionspunkt $x = x_r$ liegt genau in der Mitte des gezeichneten x-Bereichs. Der physikalische Bereich entspricht der linken Bildhälfte. Die Darstellungen zeigen die nach rechts laufende Teilwelle w_+, die nach links laufende Teilwelle w_-, die Superposition $w = w_+ + w_-$ und die Superposition $w = w_+ - w_-$

$n = 1$ entspricht der *Grundschwingung*, die zu $n = 2$ heißt *erste Oberschwingung* oder auch *zweite Harmonische*, usw.

3.4   Brechung und Reflexion beim Übergang in ein zweites Medium

Wir betrachten zwei Halbachsen 1, $x < 0$ und 2, $x > 0$ mit verschiedenen Ausbreitungsgeschwindigkeiten $c^{(1)}, c^{(2)}$ der Wellen. Für die Wellenzahl k im Bereich 1 und die Wellenzahl m im Bereich 2 gilt dann

$$\omega = c^{(1)}k = c^{(2)}m.$$

Die möglichen harmonischen Wellen in diesen Gebieten sind in der komplexen Schreibweise aus Abschn. 3.1

$$w_{c\pm}^{(1)} = w_0^{(1)}\mathrm{e}^{\pm ikx}\mathrm{e}^{-i\omega t} = w_{s\pm}^{(1)}\mathrm{e}^{-i\omega t}, \qquad w_{c\pm}^{(2)} = w_0^{(2)}\mathrm{e}^{\pm imx}\mathrm{e}^{-i\omega t} = w_{s\pm}^{(2)}\mathrm{e}^{-i\omega t}.$$

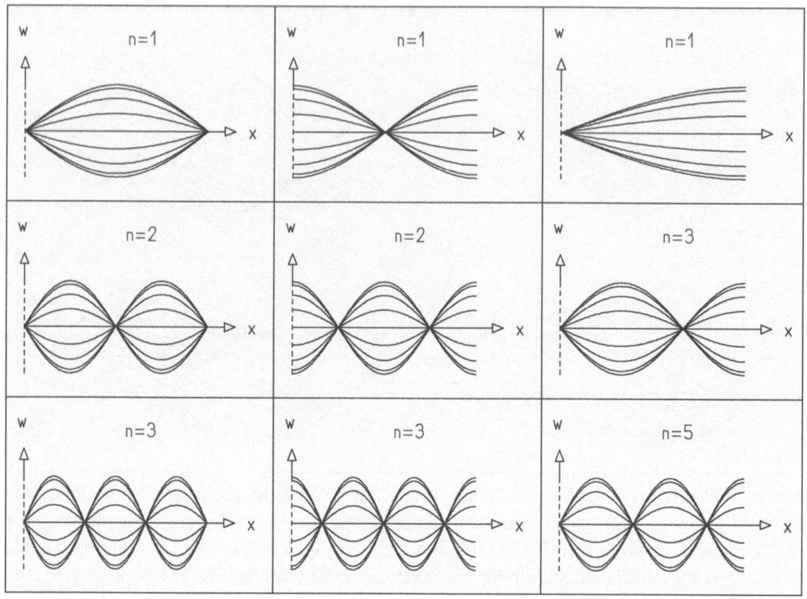

Abb. 3.4 Stehende Wellen dargestellt für verschiedene feste Zeiten während einer Schwingungsperiode. Die linke Spalte entspricht zwei festen Enden, die mittlere zwei losen Enden, die rechte einem festen und einem losen Ende. Die Zahl n gibt die Nummer der Harmonischen an, $n = 1$ Grundschwingung, $n = 2$ zweite Harmonische, ...

Die Lösung der Wellengleichung muss auf der gesamten x-Achse stetig und differenzierbar sein, insbesondere auch bei $x = 0$; es muss gelten

$$w_{s\pm}^{(1)}(0) = w_{s\pm}^{(2)}(0), \qquad \frac{\mathrm{d}\,w_{s\pm}^{(1)}}{\mathrm{d}x}(0) = \frac{\mathrm{d}\,w_{s\pm}^{(2)}}{\mathrm{d}x}(0).$$

Für eine in Region 1 von links einlaufende Welle $w_{s+}^{(e)}$ können diese Bedingungen nur dann erfüllt werden, wenn im Halbraum 1 auch eine nach links zurücklaufende *reflektierte* Welle $w_{s-}^{(r)}$ und eine im Halbraum 2 nach rechts laufende *transmittierte, gebrochene* Welle $w_{s+}^{(2)}$ auftreten:

$$w_{s}^{(1)}(x) = w_{s+}^{(e)}(x) + w_{s-}^{(r)}(x) \quad = \quad w_0\left(\mathrm{e}^{\mathrm{i}kx} + R\mathrm{e}^{-\mathrm{i}kx}\right)$$

$$w_{s}^{(2)}(x) = w_{s+}^{(2)}(x) \quad = \quad w_0 T \mathrm{e}^{\mathrm{i}mx}.$$

Die beiden Stetigkeitsbedingungen liefern die beiden Unbekannten, den *Reflexionskoeffizienten R* und den *Transmissionskoeffizienten T*. Sie führen auf

$$1 + R = T, \qquad k(1 - R) = mT$$

und damit zu

$$R = \frac{c^{(2)} - c^{(1)}}{c^{(1)} + c^{(2)}}, \qquad T = \frac{2c^{(2)}}{c^{(1)} + c^{(2)}}.$$

Aus den stationären Wellen erhalten wir nach Multiplikation mit $e^{-i\omega t}$ die komplexen orts- und zeitabhängigen Wellen und aus diesen durch Bildung des Realteils die physikalischen Auslenkungsfunktionen. Wir bezeichnen sie mit $w^{(e)}(t, x)$, $w^{(r)}(t, x)$ bzw. $w^{(2)}(t, x)$ für einlaufende, reflektierte bzw. gebrochene Welle. Sie sind für ein Beispiel in Abb. 3.5 dargestellt. Beobachtet wird im Bereich 1 nur die Summe $w^{(1)} = w^{(e)} + w^{(r)}$. Auch sie wird in Abb. 3.5 gezeigt. Ihre wenig übersichtliche Form kommt durch die Interferenz von einlaufender und reflektierter Welle zustande.

3.5 Ebene Wellen

Wir ersetzen jetzt die lineare Kette durch einen weit ausgedehnten homogenen, isotropen dreidimensionalen elastischen Körper. Ein Punkt in Ruhelage wird durch seinen Ortsvektor $\mathbf{x}$ mit den kartesischen Koordinaten x_1, x_2, x_3 beschrieben, seine Auslenkung aus dieser durch einen Vektor $\mathbf{w}(\mathbf{x}, t)$. Die Wellengleichung lautet nun

$$\frac{1}{c^2} \frac{\partial^2 \mathbf{w}}{\partial t^2} - \frac{\partial^2 \mathbf{w}}{\partial x_1^2} - \frac{\partial^2 \mathbf{w}}{\partial x_2^2} - \frac{\partial^2 \mathbf{w}}{\partial x_3^2} = 0.$$

Wir kennzeichnen die Ausbreitungsrichtung einer Welle durch den Einheitsvektor $\hat{\mathbf{k}}$; multipliziert mit der Wellenzahl k wird er zum *Wellenvektor* $\mathbf{k} = k\hat{\mathbf{k}}$. Als harmonische Lösungen der Wellengleichung erhalten wir in der Ende des Abschn. 3.1 eingeführten Schreibweise

$$\mathbf{w}_c = \mathbf{w}_0 e^{-i(\omega t - \mathbf{k} \cdot \mathbf{x})}, \qquad \omega^2 = c^2 \mathbf{k}^2.$$

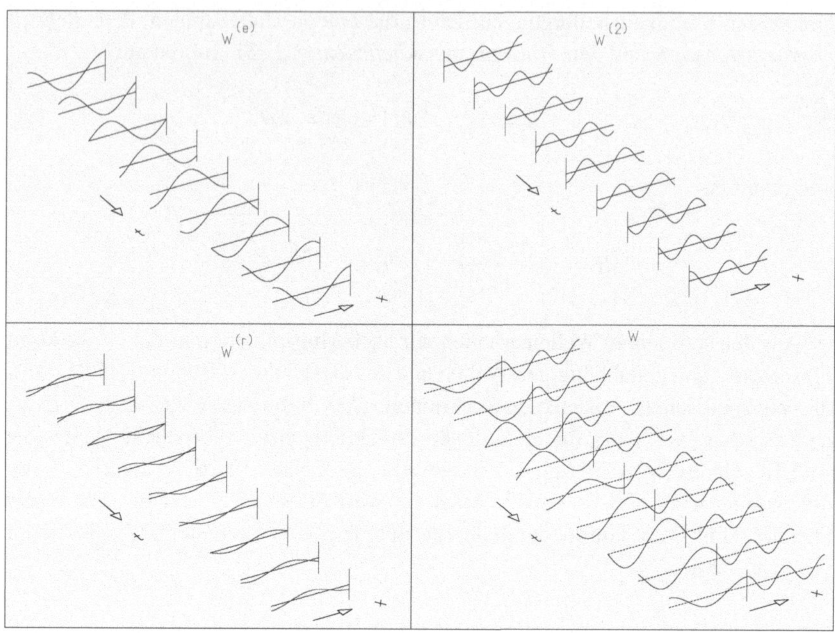

Abb. 3.5 Eine harmonische ebene Welle trifft von links senkrecht auf eine Grenzfläche zu einem Medium mit kleinerer Phasengeschwindigkeit. Die Welle wird an der (durch die senkrechte Linie angedeuteten) Grenzfläche teils gebrochen, d. h. mit veränderter Wellenlänge durchgelassen, teils reflektiert. Dargestellt sind für verschiedene, über eine Schwingungsperiode verteilte Zeiten die einfallende Welle $w^{(e)}$ (oben links), die gebrochene Welle $w^{(2)}$ (oben rechts), die reflektierte Welle $w^{(r)}$ (unten links) und die volle Lösung w (unten rechts). Letztere ist im linken Bereich die Summe $w = w^{(e)} + w^{(r)}$ und im rechten einfach $w = w^{(2)}$

(Der Vektor $\mathbf{k}$ kann alle Richtungen annehmen. Wir brauchen deshalb nicht mehr den Index $\pm$, mit dem wir im eindimensionalen Fall die Richtung angaben.) Diese Lösungen heißen *ebene Wellen*, weil die Auslenkung für einen beliebigen Zeitpunkt t und einen beliebigen Ort $\mathbf{x}$ auf der Ebene, die senkrecht auf $\hat{\mathbf{k}}$ steht und durch $\mathbf{x}$ geht, die gleiche ist. Abb. 3.6 soll eine ebene Longitudinalwelle ($\mathbf{w}_0 \parallel \hat{\mathbf{k}}$) und eine ebene Transversalwelle ($\mathbf{w}_0 \perp \hat{\mathbf{k}}$) veranschaulichen. Schallwellen in Gasen sind Longitudinalwellen, weil sich die Moleküle nur durch Stöße beeinflussen. Schall in Festkörpern kann auch transversal sein, weil dort benachbarte Moleküle durch ihre elastische Bindung sich auch bei Bewegung senkrecht zur Ausbreitungsrichtung beeinflussen.

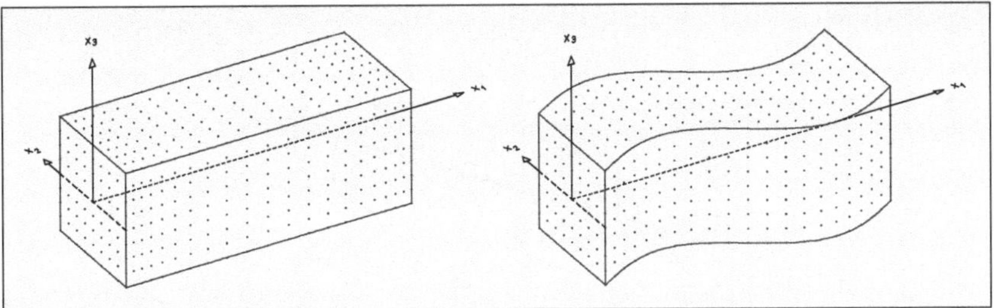

Abb. 3.6 Momentaufnahme einer harmonischen ebenen Longitudinalwelle (links) bzw. Transversalwelle (rechts), die sich in x_1-Richtung ausbreitet. Markiert sind Punkte, die ohne Welle ein regelmäßiges Gitter auf der Oberfläche eines Quaders bilden

3.6 Elektromagnetische Wellen

Die *Maxwellschen Gleichungen* bestimmen das Verhalten des elektromagnetischen Feldes. In Raumbereichen ohne elektrische Ladungen oder Ströme führen sie auf Wellengleichungen für das elektrische Feld **E** und das Feld **B** der magnetischen Induktion, deren Lösungen z. B. transversale ebene Wellen sind,

$$\mathbf{E}_c = \mathbf{E}_0 e^{-i(\omega t - \mathbf{k}\cdot\mathbf{x})}, \qquad \mathbf{B}_c = \frac{1}{c}\hat{\mathbf{k}} \times \mathbf{E}_c = \frac{1}{c}\hat{\mathbf{k}} \times \mathbf{E}_0 e^{-i(\omega t - \mathbf{k}\cdot\mathbf{x})},$$

vgl. [E], Abschn. 12.1. Die Richtungen beider Felder stehen senkrecht auf der Ausbreitungsrichtung und sie stehen außerdem senkrecht aufeinander, Abb. 3.7. Die Ausbreitungsgeschwindigkeit im leeren Raum ist die Lichtgeschwindigkeit im Vakuum, c = 2,99792458 m/s. In Materie tritt an ihre Stelle der kleinere Wert c/n. Dabei ist $n = \sqrt{\varepsilon_r \mu_r}$ der *Brechungsindex* des Materials, der sich aus dessen Permittivitätszahl ε_r und Permeabilitätszahl μ_r bestimmt. Der Brechungsindex hängt im Allgemeinen von der Frequenz der Strahlung ab. Diese Tatsache bezeichnet man als *Dispersion*.

3.7 Polarisation

Bei einer transversalen Welle ist die Richtung der Auslenkung senkrecht zu der der Ausbreitung, ist aber dadurch noch nicht vollständig festgelegt. Abb. 3.8 illustriert das am Beispiel einer elektromagnetischen Welle. Die beiden oberen Teilbilder

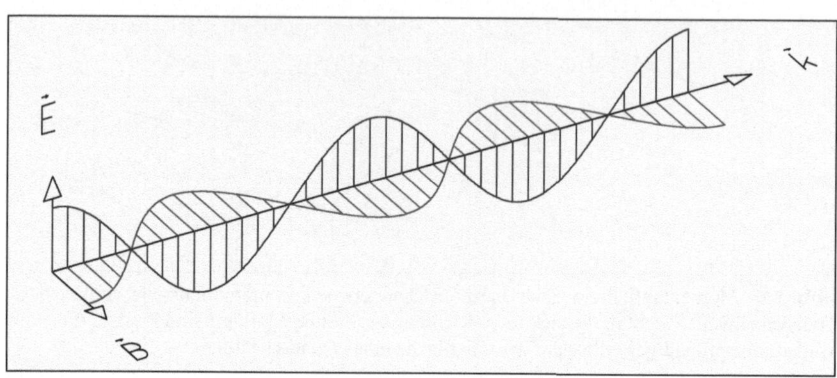

Abb. 3.7 Elektromagnetische Welle mit den Feldern **E** und **B**

zeigen Wellen, deren Feldstärkevektoren stets die gleiche Richtung haben, nämlich

$$\mathbf{E}_1 = E_0 \cos(\omega t - kx)\mathbf{e}_y \quad \text{bzw.} \quad \mathbf{E}_2 = E_0 \sin(\omega t - kx)\mathbf{e}_z.$$

Solche Wellen heißen *linear polarisiert*. In unserem Fall haben beide gleiche Frequenz und gleiche Amplitude, aber eine um $\pi/2$ gegeneinander verschobene Phase. Superposition dieser beiden ergibt eine *zirkular polarisierte* Welle. Betrachten wir die Feldstärke dieser Welle an festem Ort, etwa bei $x = 0$, so gilt

$$\mathbf{E} = E_0(\cos \omega t \, \mathbf{e}_y + \sin \omega t \, \mathbf{e}_z).$$

Die Spitze des Vektors **E** rotiert also mit der Winkelgeschwindigkeit ω auf einem Kreis vom Radius E_0. Sind die Amplituden beider Teilwellen verschieden oder ist die relative Phase nicht gleich $\pi/2$ oder $3\pi/2$, so ist die resultierende Welle *elliptisch polarisiert*. Ist die Phase 0 oder π, so wird die Ellipse zu einem Geradenstück; auch die Gesamtwelle ist dann *linear polarisiert*.

3.8 Brechung und Reflexion bei schrägem Einfall

Wir betrachten das Verhalten einer elektromagnetischen Welle beim Durchtritt durch die Grenzfläche zwischen zwei Medien. Die Medien erfüllen die Halbräume 1, $x_1 < 0$ bzw. 2, $x_1 > 0$, die Grenzfläche ist also die x_2, x_3- Ebene. Die Phasengeschwindigkeiten in den Medien mit den Brechungsindices $n^{(1)}$ bzw. $n^{(2)}$

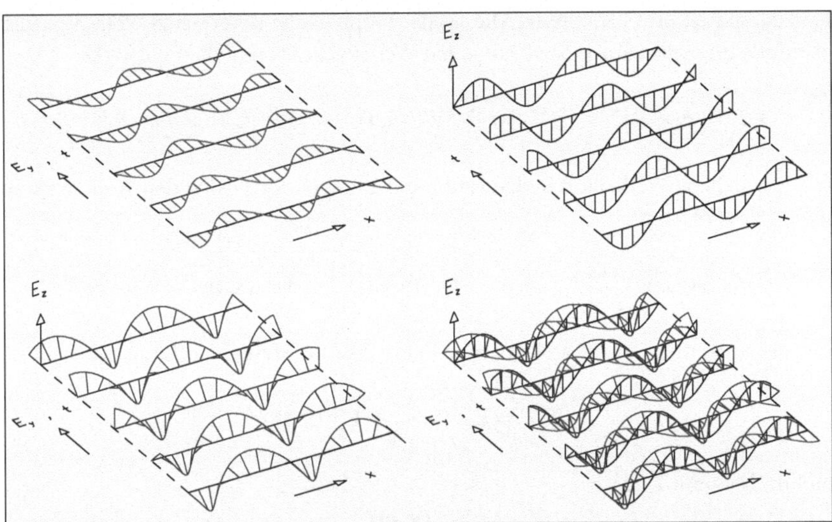

Abb. 3.8 Elektromagnetische Welle, die sich in x_1-Richtung ausbreitet. *Oben links:* Feldstärke einer in y-Richtung linear polarisierten Welle für verschiedene Zeiten t. Das dargestellte Ortsintervall entspricht zwei Wellenlängen, das Zeitintervall einer halben Periode. *Oben rechts:* Feldstärke einer in z-Richtung polarisierten Welle gleicher Amplitude und Wellenlänge jedoch in der Phase um $\pi/2$ verschoben. *Unten links:* Durch Superposition der beiden linear polarisierten Wellen, also Addition ihrer Feldstärken ergibt sich eine zirkular polarisierte Welle. *Unten rechts:* Alle drei Feldstärken in einem Bild, in dem man die Addition grafisch nachverfolgen kann

sind $c^{(1)} = c/n^{(1)}$ bzw. $c^{(2)} = c/n^{(2)}$. Die Normale auf der Grenzfläche ist $\hat{\mathbf{n}} = \mathbf{e}_1$. Die im Medium 1 einlaufende Welle hat den Wellenvektor $\mathbf{k} = k_1\mathbf{e}_1 + k_2\mathbf{e}_2$. Die reflektierte Welle verläuft ebenfalls im Medium 1 und hat den Wellenvektor $\mathbf{l}$. Die *Einfallsebene* wird durch die Vektoren $\mathbf{k}$ und $\hat{\mathbf{n}}$ aufgespannt; sie ist die x_1, x_2-Ebene. Wir betrachten hier nur den besonders einfachen Fall, in dem die Polarisation der einfallenden Welle die $\mathbf{e}_3$-Richtung ist. Die elektrische Feldstärke der einlaufenden ebenen Welle hat damit die Form

$$\mathbf{E}_c^{(e)} = E_0\mathbf{e}_3 e^{-i(\omega t - \mathbf{k}\cdot\mathbf{x})} = e^{-i\omega t}\mathbf{E}_s^{(e)}(\mathbf{x}, \mathbf{k}), \qquad \mathbf{E}_s^{(e)}(\mathbf{x}, \mathbf{k}) = E_0\mathbf{e}_3 e^{i\mathbf{k}\cdot\mathbf{x}}.$$

Dabei ist $\mathbf{E}_s^{(e)}$ die einlaufende stationäre Welle. Wegen der Invarianz der Anordnung unter Translation in $\mathbf{e}_3$-Richtung sind alle Feldstärken unabhängig von x_3, alle Wellenvektoren haben nur 1- und 2-Komponenten und die Polarisation aller

Feldstärken ist die 3-Richtung. Die an der Grenzfläche reflektierte Welle verläuft ebenfalls im Halbraum 1. Sie besitzt den Wellenvektor $\mathbf{l}$ und die Feldstärke

$$\mathbf{E}_c^{(r)} = E_0\mathbf{e}_3 R e^{-i(\omega t - \mathbf{l}\cdot\mathbf{x})} = e^{-i\omega t}\mathbf{E}_s^{(r)}(\mathbf{x}, \mathbf{l}), \qquad \mathbf{E}_s^{(r)}(\mathbf{x}, \mathbf{l}) = E_0\mathbf{e}_3 R e^{i\mathbf{l}\cdot\mathbf{x}}.$$

Die gebrochene Welle läuft in den Halbraum 2 hinein. Sie besitzt den Wellenvektor $\mathbf{m}$ und die Feldstärke

$$\mathbf{E}_c^{(2)} = E_0\mathbf{e}_3 T e^{-i(\omega t - \mathbf{m}\cdot\mathbf{x})} = e^{-i\omega t}\mathbf{E}_s^{(2)}(\mathbf{x}, \mathbf{m}), \qquad \mathbf{E}_s^{(2)}(\mathbf{x}, \mathbf{m}) = E_0\mathbf{e}_3 T e^{i\mathbf{m}\cdot\mathbf{x}}.$$

Insgesamt ist die stationäre elektrische Feldstärke im Medium 1 durch

$$\mathbf{E}_s^{(1)} = \mathbf{E}_s^{(e)}(\mathbf{x}, \mathbf{k}) + \mathbf{E}_s^{(r)}(\mathbf{x}, \mathbf{l})$$

und im Medium 2 durch

$$\mathbf{E}_s^{(2)}(\mathbf{x}, \mathbf{m})$$

gegeben. Unsere Aufgabe ist jetzt die Bestimmung der Wellenvektoren $\mathbf{l}$ und $\mathbf{m}$ sowie des Refexionskoeffizienten R und des Transmissionskoeffizienten T.

In [E], Abschn. 3.5 ist gezeigt, dass der Anteil der elektrischen Feldstärke parallel zur Grenzfläche stetig sein muss. Für die hier gewählte Polarisation ist die gesamte Feldstärke parallel Grenzfläche. Dort, bei $x_1 = 0$, gilt also

$$e^{ik_2 x_2} + R e^{i\ell_2 x_2} = T e^{im_2 x_2}.$$

Diese Gleichung ist nur dann entlang der Grenzfläche erfüllt, wenn die drei Exponenten gleich sind, also $k_2 = \ell_2 = m_2$. Damit sind die Tangentialkomponenten der drei Wellenvektoren gleich und wir erhalten die Beziehung $1 + R = T$. Eine weitere Beziehung, nämlich $k_2(1 - R) = m_1 T$, ergibt sich durch Auswertung der Stetigkeitsbedingungen für die $\mathbf{B}$-Feldstärke an der Grenzfläche. Aus beiden lassen sich die Koeffizienten R und T eindeutig bestimmen,

$$R = (k_1 - m_1)/(k_1 + m_1), \qquad T = 2k_1/(k_1 + m_1).$$

Während diese Koeffizienten von der Polarisation der einlaufenden Welle abhängen – wir haben hier nur einen besonders einfachen Fall betrachtet – gelten die nachfolgend gewonnenen Gesetze über Reflexion und Brechung für jede Polarisation.

Für die Quadrate der drei Wellenvektoren bzw. ihre Beträge gilt

$$\omega^2 = (c^{(1)}\mathbf{k})^2 = (c^{(1)}\mathbf{l})^2 = (c^{(2)}\mathbf{m})^2 \quad \text{bzw.} \quad \omega = c^{(1)}k = c^{(1)}\ell = c^{(2)}m.$$

und damit insbesondere $\mathbf{l}^2 = \mathbf{k}^2$. Wir schreiben diese Beziehung in Komponenten aus, $\ell_1^2 + \ell_2^2 = k_1^2 + k_2^2$ und erhalten wegen $\ell_2 = k_2$ die Beziehung $\ell_1 = \pm k_1$. Nur $\ell_1 = -k_1$ liefert eine andere als die einlaufende Welle. Aus Abb. 3.9 jetzt direkt das *Reflexionsgesetz*

$$\alpha = \alpha'.$$

ab, die Gleichheit von Einfallswinkel α und Reflexionswinkel α'.

Für den Betrag von $\mathbf{m}$ gilt $m = kc^{(1)}/c^{(2)} = kn^{(2)}/n^{(1)}$. Der Sinus des Brechungswinkels ist dann, wie man ebenfalls der Abb. 3.9 entnimmt, $\sin\beta = m_2/m = (k\sin\alpha)/(kn^{(2)}/n^{(1)})$. Wir erhalten das *Brechungsgesetz* von Snellius

$$\frac{\sin\beta}{\sin\alpha} = \frac{n^{(1)}}{n^{(2)}}.$$

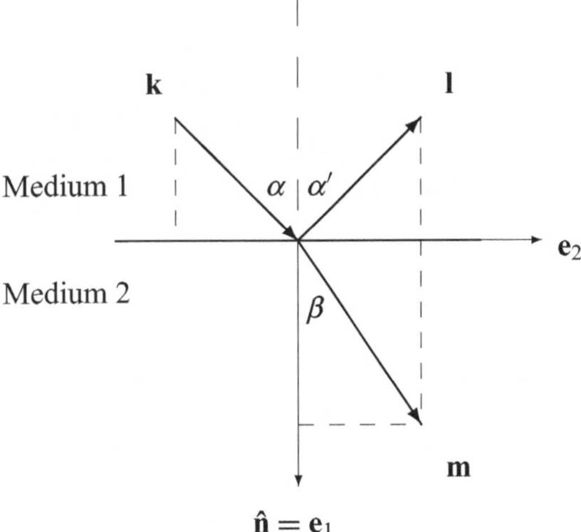

Abb. 3.9 Die bei Reflexion und Brechung auftretenden Wellenvektoren und Winkel

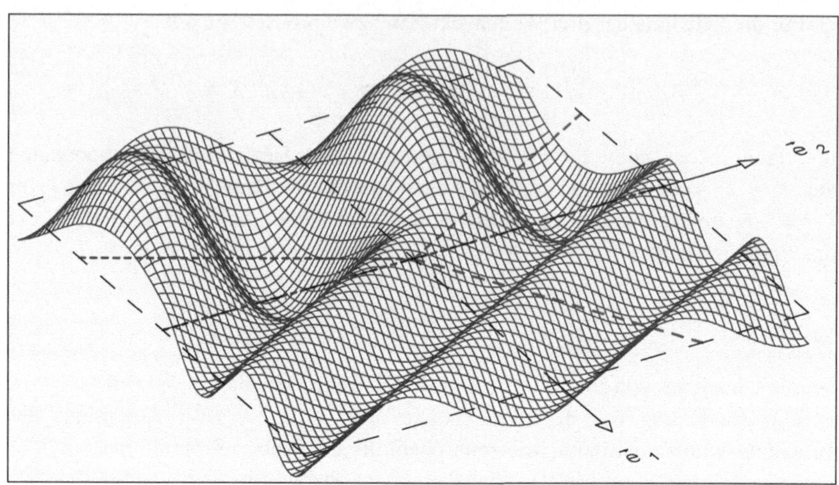

Abb. 3.10 Reflexion und Brechung einer elektromagnetischen Welle bei schrägem Auffall
auf eine Grenzfläche zu einem Bereich mit größerem Brechungsindex. Die Welle ist in 3-
Richtung polarisiert. Dargestellt ist die Feldstärke $E = E_3$ in der 1, 2-Ebene. Die Grenzfläche
ist die in der Mitte des Bildes zu denkende 2, 3-Ebene. Die einfallende Welle kommt von
hinten links, die reflektierte läuft nach hinten rechts und die gebrochene nach vorn rechts.
Die Richtungen der Wellenvektoren dieser Wellen sind gestrichelt angedeutet

Abb. 3.10 zeigt die Realteile der stationären Feldstärken $\mathbf{E}_s^{(1)}$ und $\mathbf{E}_s^{(2)}$, also die
physikalischen Feldstärken auf beiden Seiten der Grenzfläche. Man beobachtet im
Bereich 1 die Interferenz zwischen einlaufender und reflektierter Welle, im Bereich
2 die gebrochene Welle.

3.9 Totalreflexion

Eine Besonderheit tritt auf, wenn der Brechungsindex von Medium 2 kleiner ist
als der von Medium 1, $n^{(2)} < n^{(1)}$, z. B. beim Übergang von Glas in Luft. Dann
existiert ein besonderer Einfallswinkel, der *Grenzwinkel der Totalreflexion* α_T, mit

$$\sin \alpha_\mathrm{T} = n^{(2)}/n^{(1)},$$

für den die 1-Komponente des Wellenvektors $\mathbf{m}$ verschwindet, denn

$$m_1^2 = m^2 - m_2^2 = m^2 - k_2^2 = \left(\frac{m^2}{k^2} - \frac{k_2^2}{k^2}\right)k^2 = \left[\left(\frac{n^{(2)}}{n^{(1)}}\right)^2 - \sin^2\alpha\right]k^2$$

verschwindet für $\alpha = \alpha_\mathrm{T}$. Für $\alpha > \alpha_\mathrm{T}$ wird m_1^2 negativ und damit

$$m_1 = \mathrm{i}k\left[\sin^2\alpha - \left(\frac{n^{(2)}}{n^{(1)}}\right)^2\right]^{\frac{1}{2}} = \mathrm{i}\mu_1$$

imaginär. Die stationäre Feldstärke im Bereich 2 hat dann die Form

$$\mathbf{E}_\mathrm{s}^{(2)}(\mathbf{x},\mathbf{m}) = E_0\mathbf{e}_3 T\mathrm{e}^{-\mu_1 x_1}\mathrm{e}^{\mathrm{i}m_2 x_2}.$$

Im Bereich 2 fällt die Feldstärke in 1-Richtung exponentiell gegen Null ab. Nur in einer dünnen Schicht nahe der Grenzfläche gibt es eine in 2-Richtung fortschreitende Welle. Im Bereich 1 gibt es nach wie vor die in Abschn. 3.8 beschriebene Reflexion mit der gleichen Intensität wie die der einlaufenden Welle. Diese Erscheinung heißt *Totalreflexion*. Sie wird durch Abb. 3.11 illustriert.

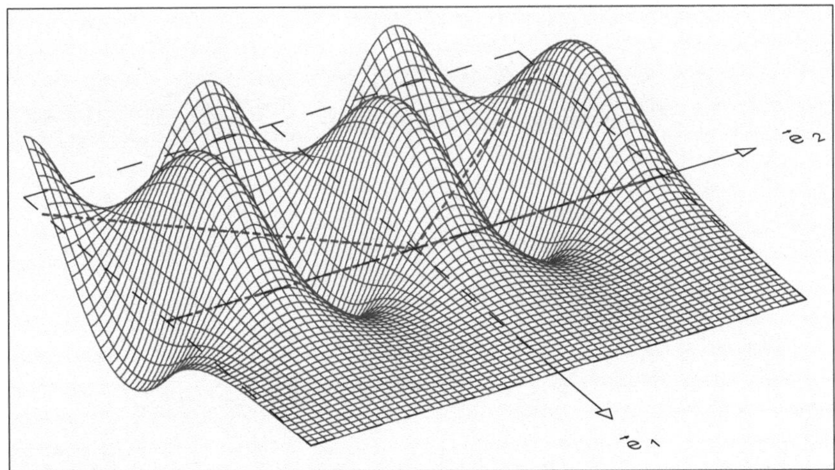

Abb. 3.11 Wie Abb. 3.10, jedoch für den Fall der Totalreflexion bei schrägem Einfall auf eine Grenzfläche zu einem Bereich mit kleinerem Brechungsindex. In diesem Bereich fällt die Feldstärke in 1-Richtung exponentiell ab

Was Sie aus diesem Essential mitnehmen können

Mitnehmen können Sie Kenntnisse zu folgenden Themen:

- Definitionen und Formeln zu komplexen Zahlen
- Grundbegriffe zum Gebiet Schwingungen: Amplitude, Frequenz, Kreisfrequenz, Periode, Phase, Schwingungsgleichung
- Ungedämpfte, gedämpfte, erzwungene und gekoppelte Schwingungen, Resonanzphänomene
- Grundbegriffe zum Gebiet Wellen: Wellenlänge, Wellenzahl, Wellenvektor, Ausbreitungsgeschwindigkeit, Polarisation, Wellengleichung
- Ebene Wellen, harmonische Wellen, Interferenz, stehende Wellen, Eigenschwingungen
- Reflexion und Brechung in einer und in drei Dimensionen, Snellius-Gesetz, Totalreflexion

© Springer Fachmedien Wiesbaden 2016
S. Brandt und H.D. Dahmen, *Schwingungen und Wellen*, essentials,
DOI 10.1007/978-3-658-13614-7

Literatur

S. Brandt, H.D. Dahmen, *Elektrodynamik – Eine Einführung in Experiment und Theorie, 4. Aufl.* (Springer, Berlin/Heidelberg, 2005) – im Text zitiert als [E]

S. Brandt, H.D. Dahmen, *Mechanik – Eine Einführung in Experiment und Theorie, 4. Aufl.* (Springer, Berlin Heidelberg, 2005) – im Text zitiert als [M]

S. Brandt, H.D. Dahmen, *Mechanik – Vom Massenpunkt zum starren Körper*, Reihe Springer Essentials (Springer Spektrum, Berlin/Heidelberg, 2016) – im Text zitiert als [M-Ess]

W. Demtröder, *Experimentalphysik I – Mechanik und Wärme, 6. Aufl.* (Springer, Berlin/Heidelberg, 2013)

W. Demtröder, *Experimentalphysik II – Elektrizität und Optik, 6. Aufl.* (Springer, Berlin/Heidelberg, 2013)

D. Meschede, Hrsg., *Gehrtsen Physik, 25. Aufl.* (Springer Spektrum, Berlin/Heidelberg, 2015)

© Springer Fachmedien Wiesbaden 2016
S. Brandt und H.D. Dahmen, *Schwingungen und Wellen*, essentials,
DOI 10.1007/978-3-658-13614-7